DL/T 1439—2015

目　次

前言 II
1　范围 1
2　规范性引用文件 1
3　术语和定义 1
4　总则 2
5　镇村供电区分类 2
6　配电系统 2
7　接户、进户与计量装置 4
8　中性点接地方式与供电安全 5
9　无功补偿与电压控制 5
10　自动化与通信 6
附录A（资料性附录）　中低压线路合理供电半径推荐值 7
附录B（规范性附录）　优化负载率推荐值 8
附录C（规范性附录）　低压电力网接地方式 9

I

前 言

本标准依据 GB 1.1—2009《标准化工作导则 第 1 部分：标准的结构和编写》给出的规则起草。

本标准由中国电力企业联合会提出。

本标准由电力行业农村电气化标准化技术委员会归口。

本标准起草单位：中国电力科学研究院、中国农业大学。

本标准主要起草人：许跃进、屈瑞谦、郭喜庆、盛万兴、解芳、王金丽、宋晓辉。

本标准在执行过程中的意见或建议反馈至中国电力企业联合会标准化管理中心（北京市白广路二条一号，100761）。

镇村户配电技术导则

1 范围

本标准规定了以镇村户为供电区域的配电设施技术要求。

本标准适用于县级行政区内镇村户中低压配电网及其配电设施的建设与改造。

2 规范性引用文件

下列文件对于本文件的应用是必不可少的。凡是注日期的引用文件，仅所注日期的版本适用于本文件。凡是不注日期的引用文件，其最新版本（包括所有的修改单）适用于本文件。

GB/T 156—2007　标准电压

GB/T 12325—2008　电能质量　供电电压偏差

GB 13955—2005　剩余电流动作保护装置安装和运行

GB/T 16934—2013　电能计量柜

DL/T 499—2001　农村低压电力技术规程

DL/T 736—2010　农村电网剩余电流动作保护器安装运行规程

DL/T 5118—2010　农村电力网规划设计导则

DL/T 5131—2001　农村电网建设与改造技术导则

3 术语和定义

下列术语和定义适用于本文件。

3.1
镇　town

县级行政区所辖建制乡、镇政府的所在地。

3.2
村　village

行政村或人口聚居的自然村。

3.3
户　household

乡镇、村辖区内的工厂、企业、农副产品个体加工户及居民住宅等独立计量的用电单位。

3.4
配电台区　distribution transformer supply zone

配电变压器台（室）的供电区域。

3.5
镇村户配电设施　town village household distribution equipment

为乡镇、村及其辖区内各类用户供电的配电网电气设备、设施及其附属设施的总称。

3.6
电量密度　electrical energy density

以镇村户为供电对象的配电台区内，所有用户年用电量的总和与配电台区供电面积之比（MWh/km^2）。

3.7
停电损失当量 outage cost equivalent

电力供应不足或供电中断时，单位缺供电量造成的经济、社会综合损失评估值（元/kWh）。

4 总则

4.1 镇村户配电设计，应从农村电网现状出发，与农村发展规划相结合，与村容村貌和新农村建设相适应，并遵循适度超前的原则。

4.2 镇村户配电设计应充分考虑乡镇、村等不同类别区域负荷特点、供电可靠性要求和乡镇、村发展建设规划，合理优化网架结构与布局。

4.3 镇村户配电设施应按照"安全可靠、节能环保、技术先进、管理规范"的原则，采用成熟先进的新技术、新设备、新材料、新工艺，禁止使用国家明令淘汰及不合格的产品。在有条件的乡镇、村可开展配电自动化、配电设施智能化等试点建设。

4.4 对于有特殊需求或特殊地段、具有高危环境和重要用户的配电设施，应按照相关标准规定进行设计。

5 镇村供电区分类

依据镇村的经济发展程度、生活用电量及负荷水平（电量密度或负荷密度），将镇村供电区划分为 Ⅰ、Ⅱ、Ⅲ、Ⅳ四类，见表1。

表1 镇村供电区类别

供电区类别		Ⅰ类	Ⅱ类	Ⅲ类	Ⅴ类
负荷水平	电量密度 MWh/km²	>5000	1500～5000	500～1500	<500
	负荷密度 kW/km²	>1000	350～1000	125～350	<125
年人均生活用电量 kWh		>500	300～500	100～300	<100
年人均GDP 万元		>8.0	2.5～8.0	0.8～2.5	<0.8
注1：划分供电区类别时采用3取2表决准则，即只要达到某类供电区3项指标［负荷水平（电量密度或负荷密度）、年人均生活用电量、年人均GDP］的任意2项即划归为该类供电区； 注2：计算电量密度和负荷密度时应扣除高山、戈壁、荒漠、水域、森林等无效供电面积。					

6 配电系统

6.1 电压等级与配电方式

6.1.1 镇村的配电电压应符合GB/T 156第4.1条、第4.3条的规定；中压配电电压采用10（20）kV，低压配电电压三相采用380/220V，单相采用220V。

6.1.2 对于用电负荷发展潜力大、电量密度大、具有一定规模的新建区域，可根据当地公共电网现状及其发展规划，经充分技术经济论证，考虑采用20kV配电网供电。

6.1.3 低压配电方式通常为三相四线制，三相负荷应尽量平衡。

6.1.4 以居民生活用电为主，且供电分散的地区可采用单、三相混合供电方式。对经济欠发达的偏远农村、无三相供电负荷需求的居民住宅小区以及远离负荷集中区域的散居住户，宜采用单相供电方式。单相变压器容量不宜超过100kVA。中压用户若采用单相供电，应将单相负荷设备平衡分布在三相线路上。

6.2 中压配电网

6.2.1 中压配电网应合理布局，接线方式灵活、简洁。公用线路应分区分片供电，供电范围不应交叉重叠。

6.2.2 根据镇村供电区的不同类型及供电要求，确定电网结构及中压线路容量。Ⅰ、Ⅱ类供电区的中压配电网宜采用多分段适度联络接线方式，有条件的也可采用双电源分段联络接线方式，导线及设备应满足转供负荷要求。Ⅲ、Ⅳ类供电区的中压配电网宜采用放射式接线方式。

6.2.3 中压配电网主干线路导线截面选择应参考供电区饱和负荷值，按经济电流密度、电压损耗、机械强度等综合选取。Ⅰ、Ⅱ类供电区的架空主干线截面不宜小于 120mm²，Ⅲ、Ⅳ类供电区的电网主干线不宜小于 100（95）mm²。

6.2.4 中压线路供电半径根据负荷水平（电量密度或负荷密度）可参照附录 A 确定，且 Ⅰ、Ⅱ类供电区 10（20）kV 不宜超过 10（15）km，Ⅲ、Ⅳ类供电区不宜超过 15（20）km。

6.2.5 中压线路电压损耗应符合 DL/T 5118 第 7.7.3 条的规定。

6.2.6 中压配电线路宜采用架空方式，乡镇、林区、人群密集区域宜采用架空绝缘导线。对特殊地段、电网结构或安全运行需要的特殊情况可采用电缆线路。

6.2.7 当变电站 10kV 出线数量不足或线路走廊条件受限制时，可建设开关站。开关站接线应力求简化，开关站应按无人值守建设。

6.3 配电变压器及配电装置

6.3.1 配电变压器台（室）应按照"小容量、密布点、短半径"的原则建设与改造。变压器应靠近负荷中心布置，针对负荷较大和居民用户不集中的镇、村，可设两个及以上的配电台区供电，并参照本标准 6.4.4 条低压线路供电半径的要求进行规划建设。

6.3.2 容量在 400kVA 及以下的配电变压器宜采用柱上安装方式，容量为 400kVA 以上的变压器，宜采用户内安装；对人口密集、安全性要求高的 Ⅰ、Ⅱ类供电区可考虑采用箱式配电站。对于污染严重的场所采用配电室或箱式配电站。

6.3.3 配电变压器应选用 S11 型及以上配电变压器或非晶合金铁芯配电变压器，对于负荷波动较大的地区，经技术经济比较后可采用有载调容变压器。安装在高层建筑、地下室及有特殊防火要求的配电变压器应选用干式变压器，单台干式变压器容量宜小于 1250kVA。

6.3.4 配电变压器的容量，应适当考虑负荷发展。规划负荷值可参照 DL/T 5118 第 5.2 条的方法进行预测。配电变压器容量可根据规划负荷按式（1）确定。

$$S_N = \frac{S}{\gamma} \tag{1}$$

式中：

S_N ——配电变压器选用额定容量，kVA；

S ——变压器规划视在负荷功率，kVA［一般按未来 5 年考虑；可根据变压器规划有功负荷功率 P（kW），并依照第 9.2.7 条的配电变压器低压侧功率因数 $\cos\theta$ 计算：$S = P/\cos\theta$］；

γ ——优化负载率，取值参见本标准附录 B（对于最终规模仅安装 1 台的配电台区，优化负载率需根据年最大负荷利用小时数参照表 B.1 确定；对于最终规模安装 2 或 3 台变压器的配电站，优化负载率需根据年最大负荷利用小时数和停电损失当量参照表 B.2 或表 B.3 确定）。

6.3.5 配电变压器低压配电装置内宜预留安装智能配电变压器终端的位置。有条件的可开展具有状态参数监测、无功补偿本地/远程控制投切、剩余电流保护监测管理、三相不平衡监测、电量抄录、远程通信、变压器防盗等功能的智能配电变压器台区建设。

6.3.6 箱式配电站壳体应采用坚固防腐材质。配电站开关设备应采用安全可靠、节能环保、免维护的设备，开关设备应具备"五防功能"。

6.4 低压配电网

6.4.1 低压配电网坚持分区供电原则，低压线路应有明确的供电范围。低压配电网应结构简单、安全可靠，宜采用单电源辐射接线。

6.4.2 低压主干线路导线截面应考虑负荷发展需要，按经济电流密度、电压损耗、机械强度等综合选取。Ⅰ、Ⅱ类供电区低压主干线路导线截面不宜小于100（95）mm^2，Ⅲ、Ⅳ类供电区低压主干线路导线截面不宜小于$50mm^2$。

6.4.3 低压线路电压损耗应符合DL/T 5118 第7.7.3条的规定。

6.4.4 低压线路供电半径根据配电变压器的安装方式并依据负荷水平（电量密度或负荷密度）参照附录A确定。Ⅰ、Ⅱ类供电区不宜超过400m，Ⅲ、Ⅳ类供电区不宜超过500m。用户特别分散地区，供电半径可适当延长，但应采取适当措施，满足电压质量要求。

6.4.5 空旷地区的低压架空线路导线宜采用钢芯铝导线。Ⅰ类供电区和人口密集地区、穿越林区的低压架空线路应采用绝缘导线。线路通道紧张、绿化矛盾大的集镇及村庄内的线路可采用低压平行集束电缆或绝缘导线。农村低压电缆的选用应符合DL/T 499 第8条的规定。

6.4.6 低压线路可与同一电源10kV配电线路同杆架设。当10kV配电线路有分段时，同杆架设的低压线路不应跨越分段区。

7 接户、进户与计量装置

7.1 农村居民住户负荷计算

7.1.1 农村住宅每户用电负荷可参照表2确定。

表2 不同建筑面积的住户负荷

每户建筑面积 m²/户	负荷 kW
＜70	4
70～140	4～6
140～200	6～8
＞200	按实际需求计算

7.1.2 住宅区低压配电干线或接户线的计算负荷为所供各住户用电负荷之和再乘以同时系数。同时系数可参照表3确定。

表3 住宅负荷同时系数

住宅户数	同时系数
3户及以下	0.8～1
3户以上12户以下	0.5～0.8
12户及以上36户及以下	0.4～0.5
36户以上	0.2～0.4

7.2 接户线

7.2.1 接户线应使用绝缘导线。导线截面应根据用户负荷确定，单个农户住宅铝芯绝缘导线截面不小于$10mm^2$，铜芯绝缘导线截面不小于$4mm^2$。对多户供电的接户线，其截面必须满足接户线所供户数的用电需求。

7.2.2 接户线第一支持物离地面高度应符合 DL/T 499 第 9.3.7 条的规定。但在多层住宅区，可装设在 6m～6.3m 处，若底层层高增加时，可根据土建的具体情况确定。

7.2.3 接户线架设应符合 DL/T 499 第 9.3 条的规定。

7.3 进户线

7.3.1 进户点应在接户线支持点或沿墙支持点的下方 0.2m 处，进户点离地高度不宜低于 2.5m。

7.3.2 进户线路不应与通信线、有线电视线、广播线、互联网线在同一进户点进户。

7.3.3 镇村集中居住小区的多层建筑的进户点，应避开阳台、露台、走廊，否则与建筑物有关部分的距离应符合 DL/T 499 第 9.3.9 条的规定。

7.3.4 进户线的截面选择应符合 DL/T 499 第 9.3.3 条的规定。

7.3.5 进户线的架设要求应符合 DL/T 499 的规定。

7.4 低压户表

7.4.1 农村用户应实行"一户一表"的计量方式。电能表应按农户用电负荷合理配置。

7.4.2 电能表应安装在计量表箱内。多户集中布置的居民用户，应采用多户集表箱，集表箱内采用截面不小于 $4mm^2$ 单芯铜线和母排布线，应预留远程抄表、智能化电表安装位置，并敷设 RS485 接线，同一居住区内各电能计量装置安装方式和安装位置应尽量统一。

7.4.3 有条件的地区可安装集中抄表装置，可逐步开展智能化电表应用。

7.4.4 低压计量表箱应符合 DL/T 5131 第 8.0.4 条的规定。

7.4.5 工厂、企业电力用户计量装置应符合 GB/T 16934 的规定。

8 中性点接地方式与供电安全

8.1 中性点运行方式

8.1.1 农村低压电力网通常宜采用 TT 系统，见图 C.1。经济发达的乡镇、电力用户宜采用 TN-C 系统，有条件的居民住宅区供电宜采用 TN-C-S 系统或 TN-S 系统，见图 C.2、图 C.3、图 C.4。对安全有特殊要求的可采用 IT 系统，见图 C.5。

8.2 剩余电流保护

8.2.1 采用 TT 系统方式运行的低压配电网，剩余电流保护器安装运行应符合 DL/T 736 的规定。

8.2.2 在 TN-C 系统中，必须将其改造为 TN-C-S 或 TN-S 系统，才可安装使用剩余电流保护装置。在 TN-C-S 系统中，剩余电流保护装置只允许使用在 N 线与 PE 线分开部分。

8.2.3 采用 TN-C-S 系统方式运行的低压配电网，应装设剩余电流末级保护。对于分支线路供电范围较大或有重要用户的情况应增设剩余电流中级保护。

8.2.4 在采用 TN-C-S 系统时，当保护线与中性线从某点（一般为线路分支点或进户处）分开后不能再合并。

8.2.5 在 TN-C-S 系统中，其 PEN 线或 PE 线应在架空线路干线和分支线的终端进行重复接地；TN-C-S 系统的中性线（即 N 线），除电源中性点外，不应重复接地。

8.2.6 剩余电流保护器安装应符合 GB 13955 的规定。

9 无功补偿与电压控制

9.1 电压质量与控制

9.1.1 供电电压偏差限值应符合 GB/T 12325 第 4.2～4.4 条的规定。

9.1.2 为减小用户供电电压偏差，应采取下列技术措施：
  a) 优化网络结构，降低线路电压损耗；
  b) 采取适当的调压措施。

9.1.3 电压质量监测点的设置应符合以下要求：

a) 10（20）kV 供电的用户端电压，每 10MW 负荷至少应设 1 个电压质量监测点。电压监测点应安装在用户侧；

b) 380/220V 低压网络和用户端的电压，每百台配电变压器至少应设 2 个电压监测点，不足百台的按百台计算。监测点应设在有代表性的低压配电网首末两端和部分重要用户处。

9.2 无功补偿与优化配置

9.2.1 无功补偿应坚持"分级补偿、就地平衡"的原则。按照集中补偿与分散补偿相结合，高压补偿与低压补偿相结合，调压与降损相结合的补偿策略，确定最佳补偿方案。

9.2.2 中压配电网以配电变压器低压侧集中补偿为重点，低压配电网以用户侧分散补偿为重点。

9.2.3 无功补偿应积极应用信息和自动化技术，实现电压无功综合治理和优化控制。

9.2.4 谐波污染较为严重的配电台区，宜选用无功补偿与滤波相结合的无功补偿装置。

9.2.5 100kVA 及以上配电变压器无功补偿装置宜采用具有电压、无功功率、功率因数等综合控制功能的自动装置。

9.2.6 配电变压器低压侧的无功补偿容量宜按变压器最大负载率为 75%、负荷自然功率因数为 0.85、补偿后变压器最大负荷时其高压侧功率因数不低于 0.95 的条件计算确定，或按配电变压器容量的 10%～30%进行配置。

9.2.7 补偿后的功率因数应达到以下规定：

a) 容量为 100kVA 及以上的公用配电变压器，其低压侧功率因数应达到 0.9，其他公用配电变压器低压侧功率因数宜达到 0.9；

b) 容量为 100kVA 及以上的 10kV 电力用户，其低压侧功率因数不低于 0.95，其他电力用户低压侧功率因数不低于 0.9；

c) 农业用户配电变压器低压侧功率因数不低于 0.85。

10 自动化与通信

10.1 自动化

10.1.1 镇村户配网自动化系统建设应统筹多种自动化系统的需求，统一规划设计数据采集平台。

10.1.2 镇村户配网自动化系统应在配电网规划的基础上，统筹规划、分步实施，以配电网监视与控制（SCADA）、馈线自动化（FA）基本功能为主，具备扩展配电变压器监测功能、配电设备管理（DMS）、地理信息系统（GIS）接口能力。

10.2 通信

10.2.1 镇村户配网通信系统应满足电网自动化系统数据、语音、图像等综合信息传输的需要。通信骨干网的规划建设应以光缆通信为主，接入网可采用载波、无线专网、无线公网及卫星等通信方式。

10.2.2 自动化及通信系统的安全性应能满足国家有关规定。

附 录 A
（资料性附录）
中低压线路合理供电半径推荐值

表 A.1　10kV 中压线路合理供电半径推荐值

负荷水平	电量密度 MWh/km²	<100	100～300	300～1000	1000～3000	3000～10 000	>10 000
	负荷密度 kW/km²	<30	30～80	80～250	250～700	700～2000	>2000
35/10kV 变压方式 km		9～12	6.5～9	4.5～6.5	3～4.5	2～3	<2
66/10kV 变压方式 km		12～16	8.5～12	6～8.5	4.5～6	3～4.5	<3
110/10kV 变压方式 km		14～18	10～14	7～10	5～7	3.5～5	<3.5

表 A.2　20kV 中压线路合理供电半径推荐值

负荷水平	电量密度 MWh/km²	300～1000	1000～3000	3000～10 000	10 000～30 000	30 000～100 000	>100 000
	负荷密度 kW/km²	80～250	250～700	700～2000	2000～6000	6000～20 000	>20 000
66/20kV 变压方式 km		8～12.5	5.5～8	4～5.5	2.5～4	1.5～2.5	<1.5
110/20kV 变压方式 km		9～13.5	6.5～9	4.5～6.5	3～4.5	2～3	<2
220/20kV 变压方式 km		12.5～18	8.5～12.5	5.5～8.5	4～5.5	2.5～4	<2.5

表 A.3　低压线路合理供电半径推荐值

安装方式	电量密度 MWh/km²				
	<300	300～1000	1000～3000	3000～10 000	>10 000
	负荷密度 kW/km²				
	<80	80～250	250～700	700～2000	>2000
台架式（柱上） km	<0.5	<0.3	<0.2	<0.15	<0.1
箱式 km	<0.7	<0.5	<0.35	<0.2	<0.15
配电室 km	<0.9	<0.6	<0.45	<0.25	<0.2

附 录 B
（规范性附录）
优化负载率推荐值

表 B.1 安装一台配电变压器时优化负载率的推荐值

最大负荷利用小时 T_{max} h	＜5000	6000	8000
优化负载率 γ	1	0.9	0.7

表 B.2 安装两台配电变压器时优化负载率的推荐值

最大负荷利用小时 T_{max} h	2000			3000			4000			5000		
停电损失当量 β 元/kWh	＜25	30	＞33	＜20	26	＞31	＜12	22	＞29	＜2.0	16	＞27
优化负载率 γ	1	0.75	0.5	1	0.75	0.5	1	0.75	0.5	1	0.75	0.5

表 B.3 安装三台配电变压器时优化负载率的推荐值

最大负荷利用小时 T_{max} h	2000			3000			4000			5000		
停电损失当量 β 元/kWh	＜12	14	＞16	＜10	12	＞14	＜6	9	＞12	＜1.0	6	＞10
优化负载率 γ	1	0.85	0.66	1	0.85	0.66	1	0.85	0.66	1	0.85	0.66

注1：应用表 B.2 和表 B.3 时，查表所用的停电损失当量，是指缺供单位电量对用户造成的经济、社会等全部损失，按照其影响程度换算成等价货币的总和，如果限于条件不能获得准确值，可用当地产电比近似，也可根据实际情况和经验估算。

注2：优化负载率的意义是对于已知最大负荷利用小时和停电损失当量值的用户负荷，按表中推荐的优化负载率确定变压器容量，可使变压器投资、电能损耗及停电损失综合费用最小。

附 录 C
（规范性附录）
低压电力网接地方式

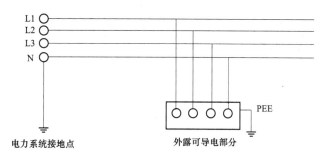

图 C.1 TT 系统

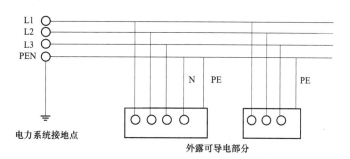

图 C.2 TN-C 系统

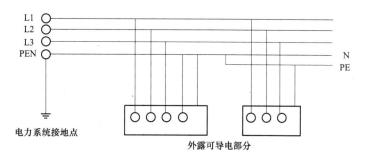

图 C.3 TN-C-S 系统

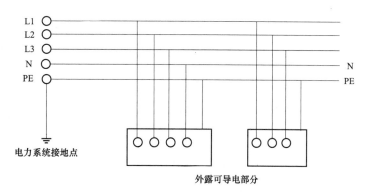

图 C.4 TN-S 系统

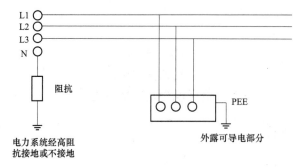

图 C.5 IT 系统